Le mémento du béton

Fédération nationale des travaux publics

Le mémento du béton

*Guide d'application pour
l'exécution d'ouvrages*

EYROLLES

ÉDITIONS EYROLLES
61, bd Saint-Germain
75240 Paris CEDEX 05
www.editions-eyrolles.com

TABLE DES MATIÈRES

INTRODUCTION

Ce document, établi à la demande de la FNTP en collaboration étroite avec EGF-BTP, a pour objet d'attirer l'attention des entrepreneurs sur les principales modifications apportées par la mise en place de la nouvelle norme béton NF EN 206-1 en France par rapport aux pratiques habituelles de chantier en matière de fabrication de béton et de réception de bétons prêts à l'emploi fabriqués en usine.

Les différents points détaillés couvrent à la fois :

– les principales modifications apportées par la nouvelle norme ;
– les dispositions à prendre lors de la rédaction des commandes de BPE ;
– le transfert de propriété à la réception du béton ;
– les contrôles du béton destiné à l'ouvrage (annexe technique pouvant être jointe à la commande).

MARQUAGE CE
ET MARQUES
DE CERTIFICATION (NF)

1. Au plan général

1.1. Marquage CE

Conformément à la directive européenne Produits de Construction 89/106, **le marquage CE est obligatoire** pour les **produits** de construction concernés.

Pour être mis sur le marché, tout produit de construction pour lequel la Commission européenne a donné mandat au Comité européen de normalisation d'établir une norme harmonisée doit être marqué CE.

Les normes de produits contiennent à la fois des spécifications d'application volontaire et des spécifications harmonisées réglementaires dont la liste, objet du mandat, est donnée dans une annexe – traditionnellement repérée par les lettres « ZA » – qui précise en outre le niveau retenu pour le système d'attestation de conformité.

Le marquage CE, apposé par le fabricant, correspond – selon le système et avec le niveau d'attestation de conformité décidé pour ce produit par la Commission européenne (avec intervention ou non d'un organisme extérieur notifié) – **aux seules spécifications harmonisées.**

Ainsi, le **marquage CE** sur un produit, **obligatoire à sa mise sur le marché**, ne constitue qu'une simple **déclaration de conformité au contenu de l'annexe ZA**.

Les ouvrages, dans lesquels un produit CE est incorporé, sont réputés respecter *a priori* les six exigences essentielles de la directive Produits de Construction (DPC 89/106) :

– résistance mécanique et stabilité ;

– sécurité en cas d'incendie ;

– hygiène, santé et environnement ;

– sécurité d'utilisation ;

– protection contre le bruit ;

– économie d'énergie et isolation thermique.

1.2. Marques de certification

La marque NF est une marque volontaire de certification sur la base d'un référentiel.

Les marques de certification volontaires – comme la marque NF – n'ont **en aucun cas vocation à se substituer au marquage CE**, ou réciproquement.

Elles peuvent coexister, tout en étant complémentaires, sous deux conditions :

– Les exigences de la marque de certification doivent être supérieures aux exigences réglementaires du marquage CE.

– Les exigences de la marque de certification ne doivent pas constituer d'entrave à la libre circulation des produits.

Il peut s'agir de garantir des niveaux de performance qui correspondent aux classes d'usages définies dans la partie volontaire de la norme européenne, ou de demander nationalement un niveau d'attestation supérieur à celui prévu par la partie harmonisée.

Par exemple, la marque NF-Liants hydrauliques a été maintenue en concomitance avec le marquage CE obligatoire depuis avril 2001 pour les ciments courants.

2. Cas particulier du béton

Il n'y a pas de marquage CE sur le béton car la norme EN 206-1 n'a pas fait l'objet d'un mandat de la Commission. La norme est entièrement volontaire, sans partie réglementaire harmonisée ni, par conséquent, d'annexe ZA.

Il n'a en effet pas été jugé souhaitable d'introduire de distorsion commerciale entre le béton prêt à l'emploi – qui est formellement un produit au sens de la DPC puisque mis sur le marché – et le béton fabriqué sur chantier, qui n'en est pas un.

Par contre, il existe toujours une certification spécifique au béton prêt à l'emploi (marque NF-BPE), dont le référentiel a été récemment modifié pour prendre en compte la nouvelle norme béton NF EN 206-1.

PROTOCOLE D'ACCORD ENTRE LE SNBPE ET LES FÉDÉRATIONS D'ENTREPRENEURS

L'ancien protocole d'accord de juillet 1979, signé entre les deux fédérations du BTP et le Syndicat national du béton prêt à l'emploi (SNBPE), a été révisé début 1995, suite à la publication en 1994 d'une première édition de la nouvelle norme expérimentale XP P 18-305 consacrée au BPE. La nouvelle édition d'août 1996 de ce texte n'a pas eu d'incidence sur ce protocole.

Ce protocole, signé le 2 mars 1995 par les présidents de la FNB (à l'époque Fédération nationale du bâtiment), de la FNTP (Fédération nationale des travaux publics), du SNBATI (à l'époque Syndicat national du béton armé, des techniques industrialisées et de l'entreprise générale), de l'UNM (à l'époque Union nationale de la maçonnerie), et du SNBPE, n'est pas abrogé début 2005.

En plus d'un engagement réciproque d'inciter au maximum au recours à des bétons certifiés (marque NF), ce protocole de quatre pages constitue une charte des bonnes relations entre fournisseurs et utilisateurs de béton prêt à l'emploi fabriqué en usine.

En substance, il traite :

– du contrat ;
– des délais de livraison ;
– des indemnités de retard, d'attente, ou de durée excessive de déchargement ;
– des accès aux chantier ;
– de la garantie de quantité ;
– de la garantie de qualité (consistance et résistance) ;
– du refus de fourniture.

Il n'y a pas de raison particulière pour changer *a priori* les principes de ce protocole suite à la mise en vigueur de la norme NF EN 206-1.

Toutefois, le champ traité par la norme NF EN 206-1 – en apparence plus étendu que le précédent, par la prise en compte de tous les bétons – ne couvre plus, pour le BPE, la totalité de celui que couvrait l'ancienne norme XP P 18-305.

La norme NF EN 206-1 est en effet une norme de fabrication de matériau qui ne traite pas totalement des sujets « en aval » de la fabrication, comme du transport, de la livraison, des critères de réception sur le chantier ou de la conformité du béton destiné à l'ouvrage.

La rédaction d'une norme spécifique au BPE pourrait être envisagée pour permettre de retrouver la totalité du champ précédemment traité.

LA SPÉCIFICATION
DES BÉTONS

AIDE AU MAÎTRE D'OUVRAGE POUR LA DÉFINITION DES ENVIRONNEMENTS ET EXPOSITIONS DES DIFFÉRENTES PARTIES D'UN OUVRAGE

Le maître d'ouvrage, assisté ou non de son maître d'œuvre, doit impérativement donner les indications suivantes dans les documents particuliers du marché. Ces informations sont nécessaires pour déterminer tous les paramètres du béton (résistance, dosage, rapport $E_{efficace}/L_{équivalent}$...) qui découlent automatiquement de l'application de la NF EN 206-1.

Le maître d'ouvrage doit éviter de préciser d'autres exigences qui pourraient entrer en conflit avec celles de la norme.

- **Définition des environnements et expositions :**
  - position géographique : département et canton ;
  - distance à la mer, si inférieure à 1 km ;
  - éléments d'ouvrage exposés aux projections de sels provenant d'une chaussée soumise à des sels de déverglaçage ;
  - nature des sols (qualité de l'eau, circulation, nappe phréatique, agressivité chimique...).
- **Conditions d'utilisation :**
  - risque particulier de condensation ou d'humidité (buanderie, papeterie, production de vapeur...) ;
  - présence d'eaux agressives, de produits agressifs (acides, chlore, produits chimiques...) ;
  - production de gaz (gaz carbonique...) ;
  - conditions d'utilisation futures, si différentes de celles prévues.
- **Protection de l'élément d'ouvrage :**
  - L'élément est-il protégé par des carrelages, faïences, enduits de mortier, enduits de plâtre, peintures...) ?
- **Conditions concernant la durée d'utilisation du projet si elle diffère de 50 ans.**

Note

Pour les conditions d'enrobage selon l'Eurocode 2, partie 1-1 (NF EN 1992-1-1), il est également nécessaire de définir la distance à la mer si elle est inférieure à 5 km, ainsi que les éventuelles conditions d'abrasion (classe XM1, XM2 ou XM3 de la clause 4.4.1.1 (13) de l'EC2-1-1).

AIDE AU PRESCRIPTEUR DES BÉTONS DANS LA DÉTERMINATION DES CLASSES D'EXPOSITIONS DES DIFFÉRENTES PARTIES D'OUVRAGE

La présente fiche est la suite chronologique de la fiche 3A d'« Aide au maître d'ouvrage pour la définition des environnements et expositions des différentes parties d'un ouvrage ».

Que l'on soit dans le cas de béton à propriétés spécifiées (BPS) ou de béton à composition prescrite (BCP), la prescription du béton commence toujours par la traduction – en termes NF EN 206-1 – des exigences exprimées par le maître d'ouvrage (sur la fiche 3A).

En résumé, il faut d'abord déterminer les classes d'expositions de chaque partie d'ouvrage.

1. Une classe d'exposition par partie d'ouvrage

Les risques considérés par la norme concernent :

- la corrosion induite par la carbonatation : classes XC ;
- la corrosion induite par les chlorures ayant une origine autre que marine : classes XD ;
- la corrosion induite par les chlorures présents dans l'eau de mer : classes XS ;
- les attaques gel/dégel : classes XF ;
- les attaques chimiques : classes XA ;
- l'alcali-réaction, le cas échéant, avec le niveau de prévention souhaité.

1.1. Carbonatation

Sont à classer :

- **En XC4 :** les parties aériennes d'ouvrages d'art et les parties extérieures des bâtiments non protégées de la pluie, comme les façades, les pignons et les parties saillantes à l'extérieur (une peinture ou un simple enduit ne constitue pas une protection suffisante), y compris les retours de ces parties concernés par les cheminements et/ou rejaillissements d'eau.

- **En XC1 :** les parties de bâtiments à l'abri de la pluie, que ces bâtiments soient clos ou non, **à l'exception** des parties exposées à des condensations importantes à la fois par leur fréquence et leur durée, **qui sont alors à classer en XC3.** *C'est le cas notamment de certaines parties d'ouvrages industriels, de buanderies, de papeteries, de locaux de piscines…*

- **En XC2 :** les parties de bâtiments au contact de l'eau à long terme. *C'est le cas notamment des fondations en zone humide, des réservoirs, des bassins de piscines…*

1.2. Chlorures ayant une origine autre que marine (par exemple eaux industrielles)

Note

Sauf dans le cas d'éléments très exposés, le cas des sels de déverglaçage chlorés est implicitement traité au travers des classes de gel XF.

Sont à classer :

– **En XD3 :** les parties d'ouvrages soumises à des projections fréquentes ou très fréquentes et contenant des chlorures, sous réserve d'absence de revêtement d'étanchéité assurant la protection du béton.
C'est le cas notamment des parties supérieures des dalles et rampes de parcs de stationnements de véhicules, exposées directement aux agents de déverglaçage et ne comportant pas de revêtement pouvant assurer la protection du béton pendant la durée de vie du projet.

– **En XD2 :** les piscines ou les parties exposées aux eaux industrielles et contenant des chlorures.

– **En XD1 :** les surfaces modérément humides exposées à des chlorures transportés par voie aérienne.

1.3. Chlorures présents dans l'eau de mer

Sont à classer :

– **En XS3 :** les éléments de structures marines en zone de marnage et/ou exposées aux embruns lorsqu'ils sont situés à moins de 100 m de la côte.

– **En XS2 :** les éléments de structures marines immergées en permanence.

– **En XS1 :** les éléments de structures qui ne sont pas en contact direct avec l'eau de mer mais situées à moins de 1 km de la côte.

1.4. Gel/dégel, avec ou sans sels de déverglaçage

Les zones de gel/dégel indiquées sur la carte NA.2 ont été définies avec précision, canton par canton, dans le fascicule de documentation FD P 18-326 édité par l'Afnor avec le timbre « novembre 2004 ».

À défaut d'indication plus précise dans les pièces du marché, le type de salage peut être déterminé à l'aide des *Recommandations pour la durabilité des bétons durcis soumis au gel* (LCPC décembre 2003), qui reproduisent un extrait du guide pratique d'élaboration du Dossier d'organisation viabilité hivernale (DOVH) SETRA novembre 1994.

1.4.1. Pour les ouvrages d'art

Sont à classer :

– **En XF1 :** les éléments soumis à un gel modéré et à un salage peu fréquent.

- **En XF2 :** les éléments soumis à un gel modéré et à un salage fréquent, pour une paroi en sous-face ou verticale.
- **En XF3 :** les éléments soumis à un gel sévère et à un salage peu fréquent.
- **En XF4 :** les autres éléments.

1.4.2. Pour les bâtiments (ouvrages dépendant du DTU 21 et de la NF 18-201)

Bien que la carte NA.2 (complétée par le fascicule FD P 18-326) permette *a priori* de situer les classes de XF1 à XF4 sur un plan géographique, il est recommandé de compléter l'analyse par un examen de l'orientation des parois et des distances de celles-ci par rapport aux sources de projections de sels.

1.5. Attaques chimiques

Il convient de se reporter au tableau 2 de la norme NF EN 206-1 pour définir la classe d'exposition à retenir – XA1 à 3 selon les types d'agressions dues aux eaux souterraines et au sol. Pour les autres types d'agressions chimiques, y compris les risques de lixiviation et/ou d'attaque par condensation d'eau pure, le maître d'ouvrage devra formuler très précisément les hypothèses particulières à retenir pour les parties d'ouvrage concernées.

On rappelle enfin la norme P 18-011 Bétons « Classification des environnements agressifs ».

1.6. Alcali-réaction

Le cas échéant, le maître d'ouvrage précisera le niveau de prévention (indispensable pour les ouvrages d'art), tel que défini dans les *Recommandations pour la prévention des désordres dus à l'alcali-réaction* (LCPC juin 1994).

2. Exemples

Il y a lieu de préciser que **chaque partie d'ouvrage** doit être classée selon **chacun des cinq types de risques** (XC, XD, XS, XF et XA), avant de déterminer – dans un second temps – la « classe enveloppe » à retenir (dernière colonne du tableau ci-dessous). On pourra par exemple utiliser une grille comme ci-dessous, dont toutes les cases devront être renseignées, la mention « so » signifiant « sans objet ».

Pour aider dans la détermination de la classe enveloppe, on rappelle les équivalences des valeurs limites en France : XC1 = XC2 ; XC3 =XC4 =XF1 = XD1 ; XS1 = XS2 ; ces équivalences ne concernent pas l'enrobage des aciers (voir EC2 partie 1.1).

PARTIES D'OUVRAGE EN BÉTON	XC	XD	XS	XF	XA	CLASSE ENVELOPPE
Bâtiment d'habitation à Remiremont (88)						
Voiles et planchers intérieurs	XC1	so	so	so	so	XC1
Murs extérieurs bruts de décoffrage, au RDC, situés à 2 m d'une chaussée soumise aux sels de déverglaçage	XC4	(1)	so	XF4	so	XF4
Parois de balcons non protégées au 3e étage						
– sous-faces	XC1 (2)	so	so	XF3	so	XF3
– parois verticales	XC4	so	so	XF3	so	XF3
– surfaces horizontales	XC4	so	so	XF3	so	XF3
Fondations en milieu humide et avec 75 mg/l de CO_2 agressif dans les eaux souterraines	XC2	so	so	so	XA2	XA2
Passage supérieur route à Martigues (13) à moins d'1 km de la côte						
Piles	XC4	so	XS1	XF1	so	XS1
Dessous du tablier	XC4	so	XS1	XF1	so	XS1
Bâtiment d'habitation à Montélimar (26)						
Voiles et planchers intérieurs	**XC1**	**so**	**so**	**so**	**so**	**XC1**
Murs extérieurs bruts de décoffrage	**XC4**	**so**	**so**	**XF1**	**so**	**XF1**
Parois de balcons non protégées au 3e étage	**XC1 (2)**	**so**	**so**	**XF1**	**so**	**XF1**
– sous-faces		**so**	**so**	**XF1**	**so**	**XF1**
– parois verticales	**XC4**	**so**	**so**	**XF1**	**so**	**XF1**
– surfaces horizontales	**XC4**					
Fondations en milieu humide non agressif	**XC2**	**so**	**so**	**so**	**so**	**XC2**
Autres exemples…						

(1) traité par XF
(2) XC3 en retour jusqu'à la goutte d'eau

Note

Il convient de répercuter le niveau de prévention des risques d'alcali-réaction exigé le cas échéant par le cahier des charges de l'ouvrage.

Remarque complémentaire importante :

Il existe des situations dans lesquelles il n'est pas possible de désigner une classe d'exposition enveloppe.

C'est notamment le cas d'éléments en bord de mer exposés à des gels sévères (par exemple XS3 et XF3 ou 4) ou d'éléments très exposés à des projections de chlorures et situés en zone de gel modéré (par exemple XD3 et XF2).

Dans ces cas, une combinaison des exigences les plus sévères doit être retenue.

Par exemple, pour XS3 et XF3, il faudra retenir toutes les exigences de XS3 (y compris ciment PM) **et ajouter un minimum de 4 % d'entraîneur d'air.**

AIDE À L'ENTREPRENEUR DANS LA SPÉCIFICATION DES BÉTONS

Sur les chantiers, **le prescripteur final est toujours l'entrepreneur,** puisque c'est lui qui met au point la formulation dans le cadre d'une fabrication en propre ou qui passe la commande au fournisseur de BPE. C'est l'entrepreneur qui assure la synthèse et la cohérence entre :

– les spécifications concernant la durabilité du béton durci de l'ouvrage, qui doivent être établies en amont conformément aux indications données dans les Fiches 3A et 3B ;

– les propriétés requises pour le béton frais (consistance, pompabilité…) ou au jeune âge (résistance à court terme) qui dépendent directement des méthodes de mise en œuvre et ne peuvent donc être précisées que par l'entrepreneur.

En pratique, avec l'avènement de la norme NF EN 206-1 et dans la mesure où le fascicule 65A reprend désormais le même vocabulaire pour ce qui concerne les classes d'exposition, la spécification amont établie par le maître d'ouvrage (assisté ou non par son maître d'œuvre) et matérialisée dans le CCTP du marché devrait se contenter de spécifier, par type de béton, les seuls éléments suivants :

– classes d'expositions de chaque partie d'ouvrage ;

– nature de l'agressivité chimique pour les classes XA ;

– niveau de prévention vis-à-vis de l'alcali-réaction.

La mention de la classe d'exposition implique le respect des clauses de formulation du tableau NA.F.1 et correspond à une durabilité estimée à 50 ans au sens de la norme NF EN 206-1 (implicitement à 100 ans au sens du fascicule 65A).

Ces spécifications obligatoires peuvent, si nécessaire, être renforcées par les compléments suivants :

– aspect de parement sur la base du fascicule de documentation FD P 18-503 ;

– spécification particulière (sur les granulats par exemple) ;

– voire résistance en compression à 28 jours.

Au-delà de ces exigences, le maître d'ouvrage peut souhaiter pénétrer dans le domaine de la spécification du ou des bétons de l'ouvrage en imposant des prescriptions complémentaires aux textes normatifs et réglementaires. Ces prescriptions ne doivent toutefois être ni d'un niveau inférieur ni en contradiction avec les textes applicables. Elles ne sont utiles que si elles les complètent et n'entraînent pas d'incompatibilités techniques.

Il est important pour l'entrepreneur de clarifier avec le maître d'ouvrage (ou le maître d'œuvre le cas échéant), au stade de la soumission et de la revue de contrat :

– la cohérence de la spécification amont ;

– l'adéquation avec un résultat optimal au niveau de l'ouvrage.

AIDE À L'ENTREPRENEUR DANS LA SPÉCIFICATION DES BÉTONS

Dans un deuxième temps, et en fonction des méthodes de mise en œuvre, l'entrepreneur complète la spécification avec les éléments suivants :

– résistance mécanique en compression à 28 jours ;

– type de ciment ;

– classe de chlorure ;

– consistance ;

– dimension maximale du granulat : D_{max} ;

– type de béton BPS ou BCP.

Les prescriptions complémentaires suivantes sont à joindre, si nécessaire, à l'intention du producteur (liste non exhaustive) :

– résistance mécanique aux jeunes âges ;

– qualité des granulats ;

– pompabilité ;

– maintien de la consistance dans le temps ;

– teinte ;

– dosage minimum en liant et en fines (éléments inférieurs à 0,063 mm).

Note

L'attention est attirée sur le fait qu'une mention explicite « BPS » conduirait de fait à imposer du BPE et à interdire le béton de chantier, voire la préfabrication.

CLASSES D'EXPOSITIONS ET ENROBAGES

Les classes d'expositions s'intéressent à la durabilité des bétons vis-à-vis des agents agressifs potentiels :

– concernant le matériau béton : gel/dégel avec ou sans sels de déverglaçage (XF), eau de mer (XS), agressions chimiques (XA) ;

– concernant le risque de corrosion des armatures des bétons armés et précontraints : carbonatation (XC), chlorures (XD et XS), sels de déverglaçage (XS).

Pour les armatures, l'épaisseur effective d'enrobage est un point important non pris en compte par la norme béton NF EN 206-1. Les règlements actuellement en vigueur (BAEL et BPEL) modulent les valeurs d'enrobage en fonction des conditions environnantes.

La modulation de l'épaisseur d'enrobage en fonction de la gamme effective du béton retenu est développée dans l'annexe française du futur Eurocode 2 (EN 1992-1-1). À noter qu'un supplément d'enrobage par rapport à une valeur nominale spécifiée sur EC 2 ne permet pas de considérer un béton correspondant à une classe d'exposition inférieure. En revanche, l'utilisation d'un béton de résistance supérieure à celle imposée pour la classe d'exposition considérée peut permettre de diminuer l'épaisseur d'enrobage.

Note

L'attention est attirée sur le fait que les éléments préfabriqués sont régis par la norme NF EN 13369 et les normes harmonisées rattachées, ou par les Agréments Techniques Européens (ATE). Les dispositions constructives de ces règlements peuvent, dans certains cas, prévoir des épaisseurs d'enrobage inférieures à celles préconisées dans l'EC 2, et une attention particulière doit donc être portée à la cohérence de l'ensemble des spécifications internes à chaque marché.

Par exemple, en France, et dans le cas d'une poutre, la solution de coulage en place ou la préfabrication foraine conduisent à respecter un enrobage minimal conforme à l'annexe nationale française de l'EC 2, tandis que la solution de préfabrication en usine (marquage CE) conduit à respecter un enrobage minimal conforme aux normes produits harmonisées découlant de la norme EN 13369 ou à l'ATE spécifique, indépendamment des spécifications françaises (et donc éventuellement avec un enrobage inférieur).

UTILISATION DE GRAVES POUR LA FABRICATION DES BÉTONS

La nouvelle norme limite l'utilisation des graves telles que définies dans la norme granulats NF EN 12620 au paragraphe 3.3 : « granulat composé d'un mélange de gravillons et sables ».

Note

Une grave peut être produite sans passer par des fractions séparées de gravillons et de sables ou par mélange de gravillons et de sables.

Le paragraphe NA.5.2.3.2 limite le diamètre maximum (D_{max}) d'une grave pour béton à 6,3 mm pour toutes les classes de résistance des bétons. Il en résulte que la réalisation d'un béton avec un D_{max} supérieur à 6,3 mm ne peut être envisagée qu'en utilisant, au minimum, une grave et un gravillon, soit deux catégories de granulats.

Il est donc, en particulier, devenu impossible *a priori* d'utiliser les mélanges anciennement connus sous le nom de « paveurs » et qui correspondaient à des graves dont le D_{max} était non limité.

Rappel des définitions de la norme granulats pour béton NF EN 12620 :
- Gravillon : « désignation des classes granulaires pour lesquelles D est supérieur ou égal à 4 mm et d est supérieur ou égal à 2 mm ».
- Sable : « désignation des classes granulaires pour lesquelles D est inférieur ou égal à 4 mm ».

Note

Le sable peut résulter de l'altération naturelle des roches massives ou meubles et/ou de leur concassage, ou du traitement de granulats artificiels.

MODE PRÉFÉRENTIEL DE SPÉCIFICATION DE LA CONSISTANCE DU BÉTON FRAIS

Les essais de mesures de consistance du béton les plus courants sont l'essai d'affaissement et l'essai d'étalement, dont les valeurs sont désormais données en **millimètres, même si les protocoles d'essais sont globalement peu changés**.

Deux autres essais (Vébé et indice de serrage) ne s'appliquent qu'à des bétons très fermes.

Dans la pratique courante des chantiers, **l'essai de référence reste la mesure de l'affaissement au cône d'Abrams** pour des valeurs inférieures à 210 mm. L'essai d'étalement à la table à secousses (15 chocs) avec le cône DIN est fortement recommandé pour le contrôle des bétons fluides. **Il ne faut pas le confondre avec l'essai d'étalement au cône d'Abrams (« slump-flow ») préconisé pour les bétons autoplaçants.**

Le tableau suivant donne les correspondances entre les anciennes et les nouvelles terminologies pour l'essai d'affaissement.

	XP P 18-305	NF EN 206-1	
CLASSES D'AFFAISSEMENT	CLASSES	VALEURS CIBLES (tolérances) (exemples indicatifs)	CLASSES
Béton « ferme »	1 à 4 cm (F)	30 (± 10) mm	S1
Béton « plastique »	5 à 9 cm (P)	70 (± 20) mm	S2
Béton « très plastique »	10 à 15 cm (TP)	130 (± 30) mm	S3
Béton « fluide »	≥ 16 cm (FI)	180 (± 30) mm	S4

Les valeurs d'affaissement supérieures à 210 mm (donc *a fortiori* la classe S5) sont à proscrire.

Les valeurs cibles doivent toujours être privilégiées par rapport aux classes de consistance (classes d'affaissement en l'occurrence). À noter que les valeurs cibles du tableau sont données à titre d'exemple en correspondance avec les anciennes classes. **Elles doivent être adaptées en fonction des besoins du chantier.**

Les tolérances sur les valeurs limites des classes de consistance n'étant garanties qu'à 85 % par les critères de production en usine, l'utilisation de valeurs cibles permet (article NA 5.4.1) de bénéficier de tolérances réduites. L'exemple ci-dessous illustre clairement l'intérêt de spécifier systématiquement des bétons avec des valeurs cibles de consistance. À défaut, les critères de conformité d'un béton – correspondant à une classe de consistance – à la réception sur chantier devront être clairement spécifiés lors de la commande.

Exemple :

– Spécifier un béton S3 (100 à 150 mm) signifie que la plage d'acceptation est égale à :

$$[100 - 20 \; ; \; 150 + 30] = [\textbf{80 mm} \; ; \; \textbf{180 mm}]$$

– Spécifier un béton avec une valeur cible d'affaissement de 120 mm signifie que la plage d'acceptation est égale à :

$$[120 - 30 \; ; \; 120 + 30] = [\textbf{90 mm} \; ; \; \textbf{150 mm}].$$

JUSTIFICATION DU RESPECT DE LA NORME VIS-À-VIS DE LA SPÉCIFICATION SUR L'EAU EFFICACE

L'ancienne norme XP P 18-305 n'imposait que le respect d'une valeur nominale sur le rapport $E_{efficace}/L_{équivalent}$. La nouvelle norme NF EN 206-1 impose désormais une valeur maximale à ce rapport avec une tolérance de 0,02 pour chaque charge de béton produit. La justification du respect des exigences du tableau NA.F.1 passe par la disponibilité systématique des bons de pesées de chaque charge de béton utilisé dans l'ouvrage (que le béton soit fabriqué sur chantier ou en usine).

Exemple

À l'issue d'une étude de laboratoire, la formule suivante en poids secs de béton C30/37 XA1 est proposée :

– CEM I 52,5 : 300 kg/m^3
– Cendres volantes : 50 kg/m^3
  (comptées avec k = 0,5)
– Sable 0/4 : 845 kg/m^3
– Gravillon 4/12 : 330 kg/m^3
– Gravier 10/20 : 720 kg/m^3
– **Eau totale** (hors adjuvant) : 178 kg/m^3
– Adjuvant : 3,5 kg/m^3
– Poids total : 2426,5 kg/m^3

Lors de la fabrication du béton, les matériaux granulaires sont « naturellement » humides. En supposant que les humidités mesurées et mentionnées sur le bon de pesée soient de 5 % pour le sable, de 1,3 % pour le gravillon 4/12 et de 0,9 % pour le gravier 10/20, les quantités pesées devant apparaître sur le bon de pesées (aux tolérances près) seront donc les suivantes :

– CEM I 52,5 : 300 kg/m^3
– Cendres volantes : 50 kg/m^3
– Sable 0/4 : 887,3 kg/m^3
– Gravillon 4/12 : 334,3 kg/m^3
– Gravier 10/20 : 726,5 kg/m^3
– Eau d'apport : 124,9 kg/m^3
– Adjuvant : 3,5 kg/m^3
– **Poids total** : **2 426,5 kg/m^3**

Par conséquent, la vérification de la formule de béton et le calcul du rapport $E_{efficace}/L_{équivalent}$ s'effectuent de la manière suivante :

Constituants	Pesée (gâchée 1 m³) (kg)	Formule béton – Poids secs (kg)
CEM I 52,5	300	300
Cendres volantes	50	50
Sable 0/4	887,3	887,3/1,05 = 845
Gravillon 4/12	334,3	334,3/1,013 = 330
Gravier 10/20	726,5	726,5/1,009 = 720
Eau de gâchage	124,9	
Adjuvant	3,5	3,5
Eau totale		124,9 + (42,3 + 4,3 + 6,5) = 178

Si l'adjuvant a un extrait sec de 30 %, il y a donc $3,5 \times 0,7 = 2,5$ litres d'eau apportée par l'adjuvant.

En supposant que les absorptions des granulats sont respectivement de 0,3 % pour le sable et de 0,8 % pour les deux gravillons, l'eau absorbable par les granulats est égale à : $845 \times 0,003 + (330 + 720) \times 0,008 = 11$ litres.

– L'eau efficace est donc égale à :

$$178 - 11 + 2,5 = \mathbf{169,5\ litres/m^3}$$

– Le rapport $E_{efficace}/L_{équivalent}$ est donc égal à :

$$169,5/(300 + 0,5 \times 50) = \mathbf{0,52}$$

Pour un béton de classe d'exposition XA1, le rapport E/C maximal est égal à 0,55. Par conséquent, lors de la production du béton, aucune valeur individuelle ne devra être supérieure à $0,55 + 0,02 = 0,57$.

Le dosage maximal en eau efficace est égal à 185,3 litres/m³, ce qui laisse une marge de 15,8 litres/m³ (à noter que cette valeur est inférieure à la valeur de 20 litres/m³ donnée dans le référentiel de la marque NF du BPE) sur le dosage en eau par rapport à la valeur nominale.

Remarque

La formule nominale de béton doit être calée pour permettre le respect du ratio $E_{efficace}/L_{équivalent}$ en tenant compte des tolérances de dosages sur les constituants (±3 % sur le liant et sur l'eau dans 90 % des cas). En pratique, cela correspond à retenir une valeur nominale de $E_{efficace}/L_{équivalent}$ inférieure de 0,02 à 0,05 par rapport aux valeurs spécifiées.

PRÉPARATION DES ÉPROUVETTES POUR ÉCRASEMENT DU BÉTON

La norme NF EN 206-1 permet d'utiliser plusieurs types d'éprouvettes pour le contrôle de la résistance du béton.

Pour un contrat donné, le producteur doit déclarer le type d'éprouvettes utilisées (cubes ou cylindres) pour son auto-contrôle de production. Il convient de lui demander de préciser la dimension et le nombre retenu d'éprouvettes par prélèvement ainsi que, le cas échéant, leur mode de préparation avant écrasement. Une fois ce choix fait, il ne doit plus être modifié.

1. Cas des cylindres

Les cylindres 160 mm/320 mm (ou de 110 mm/220 mm pour des bétons dont le D_{max} est inférieur à 22,4 mm) nécessitent une préparation avant la réalisation de l'essai d'écrasement.

Les éprouvettes $\phi\, 16 \times 32$ sont désormais confectionnées en trois couches, avec un piquage de 25 coups pour chaque couche dans le cas d'un serrage manuel, et les éprouvettes $\phi\, 11 \times 22$ sont confectionnées en deux couches.

En ce qui concerne la préparation des éprouvettes avant la réalisation de l'essai de compression, les faces d'appui doivent être préparées par rectification (méthode de référence) ou par surfaçage (jusqu'à des performances attendues supérieures à environ 50 MPa). La norme NF EN 12390-3 stipule cependant que d'autres méthodes de préparation des faces d'appui peuvent être utilisées si elles sont validées par rapport à la rectification.

Il est possible d'utiliser, pour des bétons de performances mécaniques supérieures à 50 MPa, le surfaçage au soufre HP puisqu'il s'agit d'une approche conservatrice en termes de performances mécaniques. Il convient cependant de garder à l'esprit que ce mode de surfaçage est pénalisant par rapport à la rectification au lapidaire (de l'ordre de 5 %).

Pour un C*X/Y*, la résistance caractéristique à obtenir sur cylindre $\phi\, 16 \times 32$ est de *X* MPa. Dans le cas d'utilisation de cylindres $\phi\, 11 \times 22$, les valeurs mesurées sont à diminuer de 1,0 MPa pour des résultats inférieurs à 50 MPa, ou à multiplier par 0,98 à partir de 50 MPa.

Exemple : pour un C30/37, une valeur mesurée de 36,0 MPa sur cylindre $\phi\, 11 \times 22$ est à ramener à 35,0 MPa (pour une résistance caractéristique de 30 MPa).

2.   Cas des cubes

Les cubes de 150 mm (ou de 100 mm pour des bétons dont le D_{max} est infé-rieur à 22,4 mm) ne nécessitent pas de préparation avant la réalisation de l'essai d'écrasement.

Ainsi, dans le cas d'un CX/Y, la résistance caractéristique à obtenir sur cube de 150 mm est de Y MPa. Dans le cas d'utilisation de cubes de 100 mm, les valeurs mesurées sont à diminuer de 1,5 MPa si Y < 50 MPa, ou à multiplier par 0,97 à partir de 50 MPa.

Exemple : pour un C30/37, une valeur mesurée de 40,5 MPa sur cube de 100 mm est à ramener à 39 MPa (pour une résistance caractéristique de 37 MPa).

CHOIX DU NOMBRE D'ÉPROUVETTES POUR ESSAIS SUR BÉTONS

Contrairement à l'ancienne norme française « BPE » XP P 18-305, la nouvelle norme béton ne fixe pas le nombre d'éprouvettes à utiliser pour réaliser les essais sur bétons durcis.

L'ancienne norme considérait comme résultat d'un essai de compression la moyenne arithmétique de trois essais d'écrasement au moins, avec élimination des résultats présentant un écart supérieur à 20 % de la valeur moyenne. Il en résultait une dispersion réduite de l'écart type estimé de la distribution des résistance ; cette dispersion est notée « s ».

Le maintien de la pratique actuelle avec trois éprouvettes changerait peu les valeurs de référence habituelles. Mais le passage à une seule éprouvette pourrait conduire à des dispersions majorées de l'ordre de 70 %, tandis que le passage à deux éprouvettes correspondrait à environ 20 %.

La majoration des dispersions pourrait alors atteindre les valeurs suivantes suivant l'option retenue :

1 seule éprouvette	2 éprouvettes seulement	3 éprouvettes comme auparavant
1,70	1,20	1,00

Soit, pour une dispersion de base égale à **2,5 MPa**, un décalage de la valeur moyenne de :

1 seule éprouvette	2 éprouvettes seulement	3 éprouvettes comme auparavant
4,3 MPa	**3,0 MPa**	**2,5 MPa**

Il semble donc raisonnable de ne pas descendre en dessous de deux éprouvettes, pour ne pas majorer excessivement les critères de valeurs moyennes à respecter sur les bétons.

C'est l'option retenue par le nouveau DTU 21 *via* la procédure dite « d'alerte ».

EXEMPLES DE COMPARAISON DU NOMBRE D'ESSAIS DE RÉSISTANCE ENTRE PRODUCTEUR ET UTILISATEUR (DTU 21)

Trois exemples :

1. Chantier catégorie B de 2 000 m^3 de béton en 4 mois.

2. Chantier catégorie B de 4 000 m^3 de béton en 7 mois, décomposé en 2 lots de (1 500 + 2 500) m^3 en simultané sur 7 mois.

3. Chantier catégorie C de 6 000 m^3 de béton en 9 mois.

Explicatif du tableau :

Dans le tableau comparatif ci-dessous, les premières lignes correspondent aux nombres d'essais fixés en fonction du critère de volume V de béton ; les deuxièmes lignes correspondent aux nombres d'essais fixés en fonction du critère de la durée (m en mois), et les troisièmes retiennent la valeur la plus défavorable.

Nota : les chiffres sont arrondis supérieurement.

Pour le BPE, la production moyenne mensuelle continue a été fixée par hypothèse à 4 000 m^3/mois, ce qui entraîne, pour un chantier donné de volume V de béton et de durée m en mois, une **probabilité de contrôle** de V/(4000 × m).

– Pour l'exemple 1 : 2 000/(4 000 × 4) = 0,125

– Pour l'exemple 2 : 4 000/(4 000 × 7) = 0,143

– Pour l'exemple 3 : 6 000/(4 000 × 9) = 0,167

Tableau du nombre d'essais

Numéro Exemple		En usine BPE (TABLEAU 13 NF EN 206-1)		Sur chantier (TABLEAU 2 DU DTU 21 – NF P 18-210)		
		BPE CERTIFIÉ	BPE NON CERTIFIÉ	BPS CERTIFIÉ	BPS NON CERTIFIÉ	BCP
1	CAT. B	5 18 × 0,125 = 3 ➜ **5**	14 90 × 0,125 = 12 ➜ **14**	1+2 1 + 4 ➜ **5**	1 + 4 1 + 4 ➜ **5**	1 + 8 1 + 4 ➜ **9**
2	CAT. B	10 32 × 0,143 = 5 ➜ **10**	27 157 × 0,143 = 23 ➜ **27**	(1 + 2) + (1 + 3) (1 + 7) × 2 ➜ **16**	(1 + 3) + (1 + 5) (1 + 7) × 2 ➜ **16**	(1 + 6) + (1 + 10) (1 + 7) × 2 ➜ **18**
3	CAT. C	15 41 × 0,167 = 7 ➜ **15**	40 202 × 0,167 = 34 ➜ **40**	1 + 6 1 + 9 ➜ **10**	1 + 12 1 + 9 ➜ **13**	1 + 40 1 + 9 ➜ **41**

Le BPS certifié livré par un BPE est davantage contrôlé sur site par l'utilisateur que statistiquement en usine par le producteur.

Note 1

Le coût des contrôles correspond, dans le cas du BPS, au cumul du coût du contrôle de production (qui n'est que statistiquement appliqué au béton effectivement livré sur le chantier concerné) réalisé par le BPE et de celui réalisé par l'entrepreneur sur le béton effectivement utilisé pour l'ouvrage.

Note 2

Les résultats d'auto-contrôle du fournisseur ne peuvent pas être incorporés dans la justification du béton de l'ouvrage lorsque ce dernier a recours à la notion de famille.

LE LIANT ÉQUIVALENT VU SOUS L'ASPECT PERFORMANTIEL DU BÉTON

La norme NF EN 206-1 conserve une approche de spécification des moyens mais introduit la possibilité de justifier les formulations à partir d'une démonstration de la durabilité par des essais performantiels : pour une classe d'exposition donnée, on peut déroger au tableau NA.F.1 si l'on justifie d'une performance satisfaisante au regard de la **durabilité**.

En particulier, le concept de performance équivalente du béton permet de moduler les exigences énoncées dans la norme en ce qui concerne le dosage minimal en ciment et le rapport maximal eau/ciment (dans les cas où une addition spécifique est utilisée avec un ciment spécifique dont l'origine et les caractéristiques de chacun sont clairement définies et consignées). Dans ce cas, il doit être prouvé que le béton a une performance équivalente à celle d'un béton de référence, en ce qui concerne sa résistance aux agressions de la classe d'exposition concernée.

L'annexe E de la norme NF EN 206-1 précise la façon de choisir le béton de référence : par exemple, dans le cas de recomposition en centrale de CEM I et d'addition, le béton de référence serait formulé à base d'un CEM II comportant un pourcentage voisin de la même addition. Les spécifications de moyens seraient alors assouplies, dans la mesure où l'on pourrait considérer le liant équivalent avec un coefficient k = 1 pour une quantité d'addition telle que la composition soit conforme à un des types de ciment de la norme EN 197-1 (pour les cendres volantes, par exemple, la limite serait de 55 % du liant total qui constitue le ratio maximal obtenu pour les ciments de type CEM IV). Cette voie permettrait de valoriser les additions courantes (cendres volantes, filler calcaire), qui sont habituellement affectées d'un coefficient k minorateur lorsqu'elles ne sont pas mélangées en cimenterie.

La principale difficulté de la démarche est de justifier de la pertinence de l'essai performantiel retenu. Toutefois, il existe aujourd'hui des méthodes reconnues pour certaines agressions :

– gel et sels de déverglaçage : « Recommandations pour la durabilité des bétons soumis au gel » (LCPC 2003) ;

– pénétration des chlorures, carbonatation : « Conception des bétons pour une durée de vie donnée des ouvrages » (AFGC 2003).

Il est d'ores et déjà possible de s'appuyer sur ces documents pour proposer une démarche de démonstration d'équivalence de performances. La mise en œuvre de cette démarche nécessite le soutien technique d'un service ou laboratoire spécialisé et une volonté commune d'optimisation technique.

Il faut noter que de telles démarches ont déjà été mises en œuvre sur des chantiers importants.

Des programmes de recherche sont en cours pour compléter les méthodes de justification basées sur le concept d'équivalence de performances et un guide d'application est en cours de rédaction.

FAMILLES ÉLARGIES

La norme européenne EN 206 définit au paragraphe 3.1.14 les familles de bétons comme un *groupe de compositions de béton pour lesquelles une relation fiable entre les propriétés pertinentes a été démontrée ; cette démonstration étant consignée par écrit et conservée.*

L'annexe K (informative pour la version européenne) précise cette définition en indiquant quelques précautions d'utilisation en cas d'expérience limitée :

- ciment d'un seul type, d'une seule classe de résistance et d'une seule origine ;
- granulats similaires de façon démontrable et additions de type I ;
- bétons sans ou avec adjuvant réducteur d'eau/plastifiant ;
- toute la gamme des classes de consistance ;
- bétons avec un domaine limité de classes de résistance.

Cette même annexe conseille que les relations de passage utilisées *soient testées sur des données de production antérieure pour prouver qu'elles donnent un contrôle de production et de conformité adéquat et efficace.*

L'annexe française NA.K, qui a été rendue normative en France, offre la possibilité d'élargir la notion de famille à l'ensemble des bétons courants de l'unité de production, sous réserve, en particulier, que la production fasse l'objet d'une certification de produits accréditée. Cette extension permet alors de prendre en compte des bétons formulés avec différents ciments au sein d'une même famille élargie.

Il faut remarquer que le préalable imposé de certification limitera peu le recours à la pratique des familles élargies, puisque les exigences du tableau 13 de la norme en matière de *fréquence minimale d'échantillonnage pour l'évaluation de la conformité* imposent de fait la généralisation de la certification pour des raisons économiques assez évidentes.

Outre que l'expérience des familles de bétons n'existait pas en France avant la nouvelle norme, il faut noter qu'une telle pratique ne concerne à l'évidence que le seul contrôle de fabrication en usine, tel que détaillé au chapitre 8 de la norme avec son système statistique. Par ailleurs, la pratique du BPE en France est quasiment toujours associée au transport de béton frais en toupie sur des distances très variables, même pour des bétons de formulation similaire au sens de la définition limitée de la famille donnée en annexe K informative.

Il est évident, dans ces conditions, que seuls les contrôles à la réception sont à prendre en compte pour vérifier la conformité de la livraison à la commande. Un système adapté de tels contrôles à la réception doit donc être mis en place pour les BPE ; ce système sort du cadre de la norme « Béton », limitée aux seuls contrôles de fabrication en usine.

Ce système de contrôle à la réception était intégré à l'ancienne norme BPE française XP P 18-305 ; un certain nombre de clauses de cette norme doivent être conservées dans les contrats de commande de BPE (même si le règlement particulier de la marque reprend ces items) afin de couvrir le cas de retrait du droit d'usage de la marque en cours de contrat (voir fiche n° 14). À terme, il est intéressant de reprendre ces éléments dans la norme spécifique au BPE, ce qui simplifiera la rédaction des commandes de bétons prêts à l'emploi.

INCIDENCE FINANCIÈRE

Le passage de la XP P 18-305 à la NF EN 206-1 comporte des modifications qui peuvent avoir une incidence financière sur le prix de revient du BPE et du béton de chantier.

1. Cas du BPE

Les modifications en jeu sont les suivantes :
- augmentation de la garantie sur la résistance mécanique (95 % au lieu de 90 %) pour les BPS de résistance inférieure ou égale à C30/37 ;
- définition plus précise des contrôles de résistance à effectuer en production ;
- possibilité de ne faire qu'une ou deux éprouvettes (au lieu de trois) par échéance ;
- diminution des temps de malaxage pour les bétons courants.

Les résistances mécaniques pour les BPS de résistance inférieure ou égale à C30/37 doivent désormais être calées en valeur moyenne au minimum 1,64 σ au-dessus de la résistance caractéristique, au lieu de 1,28 σ.

Avec un écart type usuel sur ce type de béton compris entre 3 et 4 MPa, ceci conduit à augmenter les résistances mécaniques moyennes d'environ 1 MPa.

Le surcoût correspondant peut donc être évalué sur la base de la différence de résistance moyenne, un C25/30 suivant la norme européenne correspondant à un B26 suivant l'ancienne norme.

La différence de prix de vente entre un B25 et un B30 étant en général de l'ordre de 3 €/m^3, la plus-value pour 1 MPa supplémentaire est de l'ordre de 0,6 €/m^3.

Pour ce qui concerne les contrôles, en se basant sur ce qui est prévu par la marque NF pour les centrales certifiées (les centrales non certifiées doivent passer les mêmes contrôles pour garantir effectivement aux utilisateurs les performances mécaniques des BPS), la norme NF EN 206-1 prévoit un prélèvement tous les 400 m^3 ou chaque semaine (le critère le plus sévère est à retenir) pour chacune des familles de béton produites. La norme XP P 18-305 et le référentiel NF-BPE demandaient trois prélèvements par mois ou un par 1 500 m^3 pour le BCN le plus couramment fabriqué, et des contrôles moins soutenus sur les autres BCN sans préciser les fréquences. Par ailleurs, les fournisseurs de béton considèrent que l'ensemble des bétons courants produits par une centrale donnée appartiennent à une même famille (notion de famille élargie ajoutée à leur demande dans les amendements français de la norme). Dans le cas d'une centrale ayant une production moyenne (la valeur moyenne sur l'ensemble des centrales en France est de l'ordre de 2 000 m^3/

mois), il faut donc faire 5 prélèvements par mois au lieu de 3 par le passé, soit une augmentation de contrôles de 66 %.

Il faut donc considérer qu'un producteur ayant déjà mis en place un système de contrôle rigoureux de ses BPS ne sera pas amené à faire significativement plus de contrôles. Par ailleurs, les prélèvements peuvent ne donner lieu qu'à une ou deux éprouvettes (au lieu de trois), ce qui fait que le nombre global d'éprouvettes à réaliser ne devrait pas s'en trouver augmenté. On rappelle également que le coût d'un prélèvement peut être grossièrement évalué à 160 € (coût estimé de fabrication d'éprouvettes sur chantier et écrasement par un laboratoire extérieur), ce qui donne un prix de 0,4 €/m³. L'éventuelle plus-value est donc faible et, dans tous les cas, nettement inférieure à 0,4 €/m³ (une valeur de 0,2 €/m³ pourrait être admise en considérant que le nombre de contrôles est effectivement doublé).

Enfin, le temps de malaxage minimum était de 55 secondes pour la majorité des bétons courants (centrales certifiées ou non), alors qu'il passe à 35 secondes pour les centrales certifiées et peut être réduit davantage dans le cas des centrales non certifiées. Ceci procure des gains de productivité aux centrales de BPE, en particulier dans la période de début d'après-midi, qui correspond au pic de demande des chantiers de bâtiment. Ainsi, pour une centrale qui produit à plein régime pendant 3 heures avec un malaxeur de 1 m³, la cadence passe (sur l'hypothèse d'un temps de cycle de 120 secondes) de 30 m³/h à 36 m³/h. Cela correspond donc à un gain équivalent à 18 m³, soit 0,5 heure de production, soit une économie de main d'œuvre évaluée au minimum à 30 €/j (sur la base de deux personnes à 30 €/h) pour une production globale journalière vraisemblablement inférieure à 150 m³. Le gain minimum est donc de 0,2 €/m³. Il faut noter que cette valeur peut être sensiblement plus élevée sur de grosses installations.

En conclusion, le passage à la norme NF EN 206-1 ne devrait pas engendrer de plus-value significative et, globalement, on peut considérer qu'un ordre de grandeur raisonnable se situe autour de **0,5 €/m³** de plus-value pour les bétons de classe de résistance inférieure ou égale à C30/37. Pour les bétons de classe de résistance supérieure à C30/37, l'incidence financière est très faible.

2. Cas du béton fabriqué sur chantier

La nouvelle norme NF EN 206-1 explicite un certain nombre de dispositions qui doivent être normalement respectées pour produire un béton de chantier de qualité mais n'étaient pas décrites dans les documents réglementaires et normatifs jusqu'à présent.

Ceci concerne en particulier les points suivants :

– édition des bons de pesée ;

– réalisation d'essais périodiques sur les granulats (granulométrie, propreté) ;

– mise en place d'une sonde hygrométrique sur le sable ou essai de séchage quotidien ;

– utilisation d'au moins deux coupures granulaires (un sable et un gravillon) ;

– obtention d'une résistance supérieure d'au moins 6 MPa à la résistance caractéristique lors des essais initiaux ;

– prise en compte des classes d'expositions et limitation des rapports eau/liant équivalent (respect du tableau NA F1).

En outre, les prescriptions concernant le contrôle de résistance des BCP sont plus sévères que dans l'ancien DTU 21 :

– un prélèvement tous les 250 m^3 (ou tous les mois) au lieu de 800 m^3 pour les ouvrages de moyenne importance ;

– un prélèvement tous les 150 m^3 (ou tous les mois) au lieu de 500 m^3 (ou tous les mois) pour les ouvrages de grande importance.

Ainsi, la norme NF EN 206-1 n'entrave pas la fabrication du béton sur chantier et n'a pas non plus de grosses incidences financières dans le cas de BCP. Dans le cas où le client impose un BPS, les fréquences peuvent être sensiblement majorées :

– un prélèvement tous les 150 m^3 (ou tous les jours) dans le cas où la production journalière moyenne est supérieure à 50 m^3 ;

– un prélèvement par semaine dans le cas où la production journalière moyenne est inférieure à 50 m^3.

Dans le cas d'une production journalière moyenne de 30 m^3 pour un ouvrage de moyenne importance, la fréquence est donc de 1 prélèvement pour 150 m^3 pour un BPS au lieu de 1 prélèvement pour 250 m^3 pour un BCP.

DISPOSITIONS COMPLÉMENTAIRES NÉCESSAIRES À L'APPLICATION DE LA NF EN 206-1 POUR LE BPE (TRANSPORT ET TRANSFERT DE PROPRIÉTÉ)

1.   Domaine d'application

14

DISPOSITIONS COMPLÉMENTAIRES NÉCESSAIRES À L'APPLICATION DE LA NF EN 206-1 POUR LE BPE (TRANSPORT ET TRANSFERT DE PROPRIÉTÉ)

Le présent document s'applique aux bétons, que l'on désignera ici par l'expression « bétons prêts à l'emploi », élaborés en centrales fixes ou mobiles par des producteurs qui n'en assurent pas eux-mêmes la mise en œuvre.

En complément aux spécifications de la norme béton NF EN 206-1, le présent document a pour objectif de préciser certaines conditions de fabrication des bétons prêts à l'emploi, d'en fixer certaines caractéristiques ainsi que les qualités garanties et les essais aptes à vérifier ces dernières lors de la réception sur chantier.

Il a aussi pour objet de fixer les conditions de livraison – à l'exclusion des opérations de manutention et de stockage, qui relèvent du domaine des cahiers des charges particuliers, notamment la manutention par pompage – et les conditions de transport, qui font l'objet, le cas échéant, de prescriptions complémentaires à celles du présent document.

Les bétons prêts à l'emploi visés par le présent document sont des bétons dont tous les composants sont dosés et malaxés dans une installation appelée centrale, pour être ensuite transportés et livrés prêts à être mis en place.

Ces bétons sont :

– soit transportés de la centrale au lieu d'utilisation dans des véhicules spécialement équipés de cuves tournantes (bétonnières ou agitateurs portés), ou dans des véhicules à bennes munies ou non d'agitateurs ;

– soit livrés directement sur le lieu d'emploi dans tout instrument de levage ou de manutention (benne de grue, blondin, pompe...).

Le présent document règle, dans la limite des questions traitées, le rapport entre le producteur de béton prêt à l'emploi et l'utilisateur. En l'absence de conventions particulières, les dispositions prévues dans les conditions générales de vente annexées au protocole d'accord en vigueur entre les fédérations du Bâtiment et des Travaux publics et le Syndicat national des producteurs de béton prêt à l'emploi sont applicables.

2.   Références normatives

Le présent document comporte par référence – datée ou non datée – des dispositions d'autres publications. Ces références normatives sont citées aux endroits appropriés dans le texte et les publications sont énumérées ci-après. Pour les références datées, les amendements ou révisions ultérieurs d'une quelconque de ces publications ne s'appliquent à ce document que s'ils y ont été incorporés par amendement ou révision. Pour les références non datées, la dernière édition de la publication à laquelle il est fait référence s'applique.

NF EN 206-1   Béton – Partie 1 : Spécification, performances, production et conformité (indice de classement : P 18-325-1).

FD P 18-457   Fascicule de documentation Afnor Béton – Guide d'application des méthodes d'essais.

3.   Définitions

En complément à celles de la norme NF EN 206-1, les définitions suivantes s'appliquent :

3.1.   Instant de la livraison

L'instant de la livraison est le moment où le producteur cède sa fourniture à l'utilisateur, dans les conditions prévues par les accords conclus entre les parties. Il est matérialisé par la signature du bon de livraison par un représentant habilité de l'utilisateur.

3.2.   Lieu de livraison

Le lieu de la livraison est la centrale, lorsque l'utilisateur assure lui-même le transport du béton de la centrale jusqu'au lieu de l'emploi, ou le lieu de mise à disposition fixé à la commande, dans les autres cas.

3.3.   Volume unitaire du béton prêt à l'emploi

Le volume unitaire du BPE est le mètre cube de béton défini en 3.1.15 de l'EN 206-1, compacté comme indiqué dans le FD P 18-457.

3.4.   Masse volumique conventionnelle du béton prêt à l'emploi

La masse volumique conventionnelle du béton prêt à l'emploi est la masse de son volume unitaire. Elle est exprimée en tonnes par mètre cube.

3.5.   Lot

Fraction d'une fourniture correspondant à un ouvrage ou à une partie d'ouvrage que l'utilisateur désire individualiser.

Les lots sont définis à la commande. En l'absence de définition, l'ensemble des parties d'ouvrage réalisées avec un même béton est réputé constituer un lot.

3.6. Prélèvement de béton à la livraison

Quantité de béton, réputée homogène, prélevée dans une charge en une seule fois à la livraison, conformément à l'article NA 5.4.1 de la norme NF EN 206-1, et destinée aux essais de contrôle de réception.

4. Désignation des bétons prêts à l'emploi

4.1. Cas des bétons à propriétés spécifiés (BPS)

Les spécifications de l'article 6.2 de la norme NF EN 206-1 sont complétées par la désignation normalisée (conforme à la norme NF EN 197-1) du ciment en tant que donnée de base.

Exemple de désignation de BPS sans donnée supplémentaire :

BPS : NF EN 206-1 – Référence au présent document – Marque NF – XF1 (F) – Cl 0,40 – C25/30 cyl

CEM II/B (S) 32,5 N CE – S : 130 mm – **D_{max} 22,4 mm**

ce qui signifie :

BPS : NF EN 206-1	Béton à propriétés spécifiés selon NF EN 206-1
Marque NF	Béton provenant d'une centrale titulaire du droit d'usage de la marque NF-BPE.
XF1 (F)	Classe d'exposition (version française)
Cl 0,40	Classe de chlorures
C25/30 cyl	Classe de résistance du béton et mode de contrôle (cylindre)
CEM II/B (S) 32,5 N CE	Nature et classe du ciment, marquage CE
S : 130 mm	Classe ou valeur cible d'affaissement (S) ou d'étalement (F)
D_{max} 22,4 mm	Dimension maximale du granulat

Exemple de désignation de BPS avec données supplémentaires :

BPS : NF EN 206-1 – Référence au présent document – Marque NF – XF1 (F) – Cl 0,40 – C25/30 cyl -

14

DISPOSITIONS COMPLÉMENTAIRES NÉCESSAIRES À L'APPLICATION DE LA NF EN 206-1 POUR LE BPE (TRANSPORT ET TRANSFERT DE PROPRIÉTÉ)

CEM II/B (S) 32,5 N CE – S : 130 mm – D_{max} 22,4 mm – avec adjuvant PRE – destiné à être pompé...

La désignation en abrégé des données supplémentaires peut faire l'objet d'une convention entre le producteur et l'utilisateur.

4.2. Cas des bétons à composition prescrite sur étude (BCPE)

Les spécifications de l'article 6.3 de la norme NF EN 206-1 sont complétées par la désignation du BCPE, qui comprend au minimum les éléments suivants :

– dénomination du béton (numéro ou autre) ;
– composition détaillée du béton incluant la désignation, l'origine et le dosage de tous les constituants ;
– spécifications complémentaires éventuelles (temps de malaxage, conditions spécifiques de livraison, etc.).

Elle est accompagnée des informations suivantes, qui doivent figurer sur la commande :

– société ou laboratoire ayant réalisé l'étude ;
– date de réalisation de l'étude ;
– nom du producteur de béton et adresse de la centrale ;
– date et signature du représentant légal du client.

L'étude doit être réalisée conformément aux prescriptions de la norme NF EN 206-1 par un prescripteur expérimenté disposant d'une réelle compétence dans la formulation du béton.

La désignation en abrégé des spécifications complémentaires peut faire l'objet d'une convention entre le producteur et l'utilisateur.

5. Conditions complémentaires de fabrication et de transport du BPE

5.1. Dosage des constituants

Le dosage des constituants solides est effectué d'après la masse des matériaux secs et calculé sur la base de 1 m³ de béton compacté à refus, les corrections nécessaires étant apportées pour tenir compte de l'humidité des granulats au moment du malaxage.

En complément du tableau 21 des articles 9.7 et NA.9.7 de la norme NF EN 206-1, les tolérances sur les charges à 90 % par classe granulaire sont les suivantes :

– gravillon ou sable : 4 % ;

– sable correcteur ou gravillon intermédiaire (moins de 15 % de celle de l'ensemble des sables ou gravillons suivant le cas) : 11 %

De plus, les tolérances à 100 % sur chaque gâchée pour tous les constituants sont le double de celles relatives à 90 % des charges.

14

DISPOSITIONS COMPLÉMENTAIRES NÉCESSAIRES À L'APPLICATION DE LA NF EN 206-1 POUR LE BPE (TRANSPORT ET TRANSFERT DE PROPRIÉTÉ)

	CHARGE À 90% (voir norme NF EN 206-1)	GÂCHÉE (pour 100% des gâchées)
Ciment	± 3 %	± 6 %
Addition + ciment	± 3 %	± 6 %
Eau pesée (d'apport)	± 3 %	± 6 %
Sable (sauf correcteur)	± 4 %	± 8 %
Gravillon (sauf intermédiaire)	± 4 %	± 8 %
Sable correcteur	± 11 %	± 22 %
Gravillon intermédiaire	± 11 %	± 22 %
Ensemble des granulats	± 3 %	± 6 %
Adjuvants		± 5 %

Les additions sèches et fillers d'apport secs sont, dans le cas d'une bascule unique, pesés en cumulé après le ciment.

L'enregistrement des pesées est obligatoire et son édition doit être possible, avec toutes les informations utiles.

Dans le cas où l'enregistrement des pesées mentionne l'eau efficace, les pourcentages ou les coefficients d'absorption pris en compte pour chacun des constituants doivent être également enregistrés.

Les constituants du béton sont identifiés de manière à pouvoir en assurer la traçabilité.

Les fréquences minimales de vérification du respect des tolérances de pesées décrites dans les documents qualité sont d'une fois par mois sur au moins 5 charges, de préférence consécutives. Des vérifications continues peuvent être acceptées sur justification.

5.2. Mélange des constituants et transport de béton

5.2.1. Malaxage des constituants

L'unité de production doit être équipée d'un dispositif de malaxage à poste fixe.

Pour les malaxeurs de capacité nominale inférieure à 1 m³, le volume minimal de chaque gâchée est égal ou supérieur à la moitié de la capacité nominale du malaxeur. Pour les malaxeurs de capacité nominale supérieure ou égale à 1 m³, le volume minimal de chaque gâchée est de 0,5 m³.

Sauf justification particulière acceptée par l'utilisateur, le temps minimum de malaxage est de 35 secondes.

Le malaxage est porté à 55 secondes minimum dans l'un des cas suivants :
- BPS de résistance supérieure à C30/37 ;
- bétons comportant un adjuvant ou une addition et dont la classe d'affaissement spécifiée est inférieure à S3, ou avec un affaissement cible spécifié inférieur à 150 mm ;
- présence de plus de deux adjuvants ;
- présence d'un entraîneur d'air ou d'un réteneur d'eau, ou utilisation d'un adjuvant en dehors de la plage de dosage préconisée par le fournisseur d'adjuvants ;
- utilisation de fumées de silice ;
- absence de transport en bétonnière portée ou durée de transport en bétonnière portée inférieure à 5 minutes ;
- malaxeur à arbre horizontal unique.

Le début du malaxage est, par convention, la fin de l'introduction de tous les constituants. La fin du malaxage correspond au début d'ouverture de la trappe de vidange du malaxeur.

5.2.2. Transport

Sauf justification spécifique acceptée par l'utilisateur, la durée du transport (comptée à partir de l'introduction du ciment de la première gâchée) au lieu d'utilisation, ne doit pas être supérieure à 1 h 30 min. La durée cumulée du transport et de l'attente éventuelle sur chantier, jusqu'à la fin de la vidange, ne doit pas être supérieure à 2 h.

Note

Ces durées sont données pour une température voisine de 20 °C.

Le béton est protégé efficacement en cours de transport contre les risques d'évaporation, de délavage par temps de pluie et de ségrégation.

6. Information du producteur à l'utilisateur

Sur demande écrite de l'utilisateur, le producteur de BPE est tenu de lui communiquer la composition nominale du béton, par indication de la nature et du dosage en ciment, en additions, en granulats, en eau et en adjuvants. Le producteur est tenu, avant livraison, d'aviser l'utilisateur de tout changement apporté à la nature et à l'origine des constituants du béton en cours de fourniture et d'obtenir son accord sur cette modification, même si la composition de ces bétons est laissée à son initiative (cas notamment des BPS).

Sur demande écrite particulière, qui doit être formulée au plus tard 90 jours après la livraison, le producteur est tenu de communiquer à l'utilisateur, dans un délai maximum de 4 jours ouvrés après réception de la demande, les bons de pesée correspondant aux bons de livraison spécifiés dans cette demande ; ces bons indiquent le dosage effectif en granulats, en ciment, en additions, en eau et en adjuvants.

Dans le cas où les granulats incorporés présentent certaines caractéristiques intrinsèques de code C ou D, le producteur devra explicitement en aviser l'utilisateur.

7. Essais de contrôle à la livraison

Ces essais ont pour but de contrôler la conformité du béton d'un lot aux définitions, aux spécifications et aux prescriptions complémentaires éventuelles du béton concerné. Ils sont exécutés à l'initiative de l'utilisateur et sont contradictoires ; le producteur est tenu informé de tout contrôle afin qu'il puisse assister, s'il le désire, aux prélèvements, aux essais sur béton frais et à la confection d'éprouvettes. Ces contrôles sont effectués par un personnel qualifié, conformément aux normes en vigueur et selon les indications complémentaires du fascicule de documentation FD P 18-457.

7.1. Contrôle de la consistance

L'essai de consistance est effectué sur le lieu de déchargement du béton et interprété conformément à l'article NA 5.4.1 de la norme NF EN 206-1. Il est réalisé pendant la période conventionnelle de déchargement du béton sur le chantier (voir 5.2.2).

7.2. Contrôle de la résistance

La confection des éprouvettes de contrôle est terminée au plus tard 40 min après l'arrivée du camion sur le chantier. Il est admis que les éprouvettes de béton soient conservées avant démoulage dans les conditions définies dans le fascicule FD P 18 457.

Dans les trois heures suivant le démoulage, qui est réalisé avant 48 h (hors jours non ouvrés), les éprouvettes sont placées en atmosphère normalisée.

Des prélèvements et essais inopinés non contradictoires sont possibles, mais ils doivent alors être effectués :

– soit par un laboratoire accrédité par le COFRAC ;
– soit par un laboratoire choisi d'un commun accord par les deux parties.

Les résultats de tous les essais sont communiqués au producteur dans un délai maximal de 15 jours après la date d'écrasement des éprouvettes de compression.

En ce qui concerne l'identification des éprouvettes, un numéro est affecté à chaque prélèvement (par ordre croissant chronologique) et porté sur chacune des éprouvettes correspondant à ce dernier. Le responsable qualifié, que l'utilisateur a chargé du prélèvement, de la confection des éprouvettes et de l'exécution des essais de contrôle à la livraison, tient sur place un cahier de contrôle ; celui-ci indique, en regard du numéro affecté au prélèvement, tous les renseignements nécessaires à l'identification du béton contrôlé ou à l'exploitation ultérieure des résultats de contrôle, par exemple :

– le numéro du bon de livraison et l'usine productrice ;
– les caractéristiques du béton commandé (dosage, granularité, consistance, résistance caractéristique, adjuvant éventuel, etc.) ;
– la date et l'heure du prélèvement ;
– le nombre et la nature des éprouvettes ;
– les résultats des essais ;
– l'emplacement de la charge dans l'ouvrage ;
– les observations diverses (démoulage, conservation, date, etc.).

Sauf dispositions contraires figurant dans les pièces écrites du marché de travaux d'ouvrage, le critère d'acceptation du béton est défini par le tableau suivant :

Nombre de prélèvements pour un lot de béton	Résultat individuel d'essai FCI en MPA	Moyenne résultats bruts FCM en MPA
n = 2	$f_{ci} \geq f_{ck} - 4{,}0$	$f_{cm} \geq f_{ck} - 1{,}0$
n = 3	$f_{ci} \geq f_{ck} - 4{,}0$	$f_{cm} \geq f_{ck} + 1{,}0$
n = 4	$f_{ci} \geq f_{ck} - 4{,}0$	$f_{cm} \geq f_{ck} + 2{,}0$
n = 5	$f_{ci} \geq f_{ck} - 4{,}0$	$f_{cm} \geq f_{ck} + 2{,}5$
n = 6	$f_{ci} \geq f_{ck} - 4{,}0$	$f_{cm} \geq f_{ck} + 3{,}0$
n = 9	$f_{ci} \geq f_{ck} - 4{,}0$	$f_{cm} \geq f_{ck} + 3{,}5$
n = 12	$f_{ci} \geq f_{ck} - 4{,}0$	$f_{cm} \geq f_{ck} + 4{,}0$
n ≥ 15	$f_{ci} \geq f_{ck} - 4{,}0$	$f_{cm} \geq f_{ck} + 1{,}48\,\sigma$

Note

La valeur de σ correspond à l'écart type estimé de la distribution des n charges contrôlées. Par ailleurs, pour les ouvrages entrant dans le cadre d'application du DTU 21, les valeurs allant jusqu'à n = 6 sont inchangées par rapport aux exigences de cette norme.

Les conséquences éventuelles de la non-conformité d'une fourniture aux spécifications de la commande passée conformément au présent document sont précisées dans le contrat entre le producteur et l'utilisateur.

8. Commande et livraison

8.1. Commande

L'unité de base des transactions est le volume unitaire de béton prêt à l'emploi, conformément à la définition 3.3.

Le producteur précise la masse volumique conventionnelle du béton livré, exprimée avec deux décimales conformément à la définition 3.4.

En dehors des clauses commerciales (quantité, prix, délais, cadence, etc.) la commande spécifie :

– la référence au présent document et, s'il y a lieu, à la marque NF ;
– la désignation du béton suivant la terminologie du présent document ;
– le mode de transport et le lieu de livraison du béton ;
– si possible, les parties d'ouvrage auxquelles le béton est destiné ;
– la définition des lots de réception et le programme des essais de contrôle correspondants ;
– éventuellement, les conséquences de la non-conformité d'une fourniture aux spécifications du présent document.

8.2   Livraison

8.2.1. Contenu du bon de livraison

Chaque livraison est accompagnée d'un bon de livraison numéroté, établi en deux exemplaires minimum, comprenant, en plus des demandes de l'article 7.3 de la norme NF EN 206-1, les compléments suivants :
– la quantité de béton livré, exprimée en mètres cubes de béton compacté à refus ;
– l'heure convenue de mise à disposition du béton sur le chantier ;
– l'heure limite contractuelle de fin de mise en œuvre.

Les deux exemplaires du bon sont complétés sur le chantier par les informations suivantes :
– l'heure effective d'arrivée du véhicule sur le chantier ;
– les heures de début et de fin de déchargement ;
– le cas échéant, les ajouts éventuels incorporés au béton au moment de la livraison.

8.2.2. Signature du bon de livraison

Le bon de livraison est signé par l'utilisateur ; un exemplaire est remis au commissionnaire pour être retourné au producteur, l'autre est conservé par l'utilisateur.

Cette signature matérialise le transfert de propriété du béton entre le producteur et l'utilisateur sans préjuger de la conformité des performances spécifiées pour le béton.